BEI GRIN MACHT SICH IHR WISSEN BEZAHLT

- Wir veröffentlichen Ihre Hausarbeit,
  Bachelor- und Masterarbeit

- Ihr eigenes eBook und Buch -
  weltweit in allen wichtigen Shops

- Verdienen Sie an jedem Verkauf

Jetzt bei www.GRIN.com hochladen
und kostenlos publizieren

Katharina jun. Kinateder

Einführung einer Größe - Die Zeit

GRIN Verlag

Bibliografische Information der Deutschen Nationalbibliothek:

Die Deutsche Bibliothek verzeichnet diese Publikation in der Deutschen National-
bibliografie; detaillierte bibliografische Daten sind im Internet über http://dnb.d-
nb.de/ abrufbar.

Impressum:

Copyright © 2011 GRIN Verlag GmbH
Druck und Bindung: Books on Demand GmbH, Norderstedt Germany
ISBN: 978-3-640-96568-7

Dieses Buch bei GRIN:

http://www.grin.com/de/e-book/175173/einfuehrung-einer-groesse-die-zeit

GRIN - Your knowledge has value

Der GRIN Verlag publiziert seit 1998 wissenschaftliche Arbeiten von Studenten, Hochschullehrern und anderen Akademikern als eBook und gedrucktes Buch. Die Verlagswebsite www.grin.com ist die ideale Plattform zur Veröffentlichung von Hausarbeiten, Abschlussarbeiten, wissenschaftlichen Aufsätzen, Dissertationen und Fachbüchern.

Besuchen Sie uns im Internet:

http://www.grin.com/

http://www.facebook.com/grincom

http://www.twitter.com/grin_com

1. Prüfungslehrprobe im Fach Mathematik

Thema:

Einführung einer Größe: Die Zeit

Klasse:	5x
Raum:	x
Datum:	xx.xx.20xx
Zeit:	xx:xx – xx:xx Uhr
Seminar:	20xx
Studienreferendarin:	xx
Fächerverbindung:	Mathematik / Physik

Inhaltsverzeichnis

1   Rahmenbedingungen

1.1   Einordung in den Lehrplan

Das Thema „Einführung einer Größe: Die Zeit" ist im Lehrplan im Themenbereich „M 5.3 Rechnen mit Größen aus dem Alltag" einzuordnen. Im Rahmen dieses Themenbereichs sollen die Schüler Maßeinheiten kennen und mit ihnen umzugehen lernen. Anhand von anwendungsorientierten Sachaufgaben erfahren, verstehen und üben sie, wie man Größen misst und darstellt. Mit Dreisatzaufgaben werden sie auf die Proportionalitäten und Zuordnungen der nächsten Jahrgangsstufe vorbereitet. Lösungsvariationen und offene Aufgaben fördern vernetztes und kreatives Denken.

Länge, Zeit, Masse und Geld werden als Größe eingeführt, die aus einer Maßzahl und einer Maßeinheit bestehen. Die Schüler lernen verschiedene Messinstrumente kennen und wissen dadurch, wie man Größen misst.   Das Rechnen mit Größen spielt eine große Rolle: Größenangaben werden in kleinere bzw. größere Einheiten umgewandelt und sowohl in gemischter Schreibweise als auch in Kommaschreibweise angegeben; die Addition und Subtraktion von Größenangaben erfolgt durch vorheriges Umwandeln der Summanden bzw. von Minuend und Subtrahend in die gleiche Maßeinheit, nicht jedoch in der Kommaschreibweise. Ein weiterer Inhalt dieses Themenbereichs ist der Maßstab. Abschließend werden Sachaufgaben und einfache Dreisatzaufgaben zu allen Größen gelöst. Für den gesamten Themenbereich sind im Lehrplan ca. 25 Stunden veranschlagt.[1]

1.2   Lernvoraussetzungen

Der Umgang mit Größen ist den Schülern bereits aus der Grundschule bekannt. Sie kennen von daher und aufgrund ihrer Alltagserfahrungen die Begriffe „Sekunde", „Minute", „Stunde", „Tag", „Woche", „Monat", „Jahr". Die Schüler haben in der Grundschule auch bereits die Beziehungen zwischen diesen Einheiten kennengelernt (zum Beispiel das Einteilen von einer Minute in Sekunden).   Das   Ablesen   von   Uhrzeiten   ist   ebenfalls   bekannt. Im vorangegangenen Unterricht haben sich die Schüler mit der Größe Länge beschäftigt. Sie wissen,   dass   eine   Größe   aus   einer   Maßzahl   und   einer   Maßeinheit   besteht.

---

[1] vgl. Lehrplan der 6-stufigen Realschule Bayern

Für Umrechnungen in andere Zeiteinheiten ist die Multiplikation und Division nötig. Sowohl das Kopfrechnen als auch das schriftliche Multiplizieren und Dividieren ist in diesem Themenbereich wichtig.

1.3 Themeneingrenzung

Diese Unterrichtsstunde dient als Einführung der Größe Zeit. Eine Größe hat im neben der Maßzahl noch eine Maßeinheit. Die Schüler sollen den Unterschied zwischen Zeitpunkt und Zeitspanne verstehen und an Beispielen aufzeigen können. Dazu bekommen die Schüler einen Überblick über Zeitmessgeräte. Die Einheiten der Zeit mit ihren Abkürzungen werden festgehalten. Die Umrechnungen von Zeitangaben in andere Maßeinheiten werden eingeübt; dabei werden keine Umrechnungen durchgeführt, die als Ergebnis eine gemischte Angabe enthalten (z.B. 509 h = 21 d 5 h). Sollte jedoch am Ende der Stunde noch Zeit sein, so werden Aufgaben dieser Art behandelt. Ansonsten wird dies in der Folgestunde erarbeitet.

Die Stunde dient auf der einen Seite zur Wiederholung und Festigung, auf der anderen Seite als Vertiefung von bereits vorhandenem Wissen.

1.4 Klasse und äußere Bedingungen

Die Klasse 5x besteht insgesamt aus xx Schülern; davon xx Mädchen und xx Jungen. Die Klasse wurde im Rahmen des zusammenhängenden Unterrichts nach den Herbstferien in zwei Gruppen aufgeteilt, wovon ich eine Gruppe unterrichtete. Nach den Weihnachtsferien wurde die Gruppenteilung aufgehoben und ich habe die gesamte Klasse übernommen. Die Schüler sind vom Verhalten her sehr unterschiedlich – von lebhaft bis sehr ruhig. Ein Großteil der Klasse nimmt mit großem Engagement am Unterricht teil. Das Leistungsniveau ist durchschnittlich.

Das Klassenzimmer ist mit Computer, Beamer, Overheadprojektor und einer Tafel ausgestattet und ermöglicht so den Einsatz von Grafikprogrammen und der Verwendung des Internets. Die Projektion mit dem Overheadprojektor ist wegen des Fensters an der Wand rechts vorne nicht ideal möglich.

Für den Mathematikunterricht wird in dieser Klasse das Lehrbuch „Mathematik für Realschulen", erschienen im Diesterweg-Verlag, verwendet. Die Schüler haben ein Schulheft, ein

Hausheft, ein Schülerarbeitsheft „Mathematik aktuell 5" (BDS-Verlag) und eine Mappe für Übungsblätter. Das ausgeteilte Arbeitsblatt wird in das Schulheft eingeklebt, das Hausaufgabenblatt in die Mappe eingeordnet und im Hausheft gelöst.

1.5   Erwartete Schwierigkeiten

Bei der Zeit unterscheidet man zwischen Zeitpunkt und Zeitspanne. Der Unterschied wird an konkreten Beispielen verschiedener Uhren durchgesprochen. Nach der Definition der beiden Begriffe wird je ein Beispiel angegeben und in einer Grafik veranschaulicht.

Einige Schüler könnten die Funktionsweisen einzelner Uhren nicht kennen (z.B. die der Sonnenuhr). Kann kein Schüler die Funktion einer Uhr erläutern, wird diese vom Lehrer kurz angesprochen.

Aus dem Englischunterricht kennen die Schüler zum Thema Zeit nur die Vokabeln „time", „day" und „minute". Die englischen Wörter „hour" und „second" sind noch nicht bekannt. Auf dem Arbeitsblatt werden deshalb die Begriffe bereits vorgegeben und gemeinsam übersetzt. Aus den englischen Übersetzungen kann man die Abkürzungen für die Zeiteinheiten ableiten.

Die Schüler könnten Schwierigkeiten bei den Umrechnungen in andere Zeitangaben haben, da die Umrechnungszahlen nicht so einfach sind, wie bei der Länge. Hier können nicht einfach Endnullen hinzugefügt oder weggelassen werden. Aus diesem Grund, wird in einem Schema auf dem Arbeitsblatt die Umrechnung verdeutlicht.

Bei der schriftlichen Division (vor allem mit Rest) könnten Probleme auftreten, das Ergebnis richtig zu interpretieren und anzugeben. Aus diesem Grund werden Aufgaben dieser Art in der Folgestunde gemeinsam erarbeitet.

1.6 Entscheidungen

1.6.1 Hauptlernziel

Die Schüler kennen die Zeit als Größe und können Zeitangaben ineinander umwandeln.

1.6.2 Teillernziele

TLZ 1   Die Schüler kennen verschiedene Anzeige- und Messgeräte für die Zeit.

TLZ 2   Die Schüler kennen den Unterschied zwischen Zeitpunkt und Zeitspanne.

TLZ 3   Die Schüler können aus einem Anfangszeitpunkt und einer Zeitspanne den
Endzeitpunkt bestimmen und aus Anfangs- und Endzeitpunkt die Zeitspanne
ermitteln.

TLZ 4   Die Schüler wissen, dass eine Zeitspanne aus einer Maßzahl und einer Maßeinheit
besteht und somit eine Größe kennzeichnet.

TLZ 5   Die Schüler kennen die Maßeinheiten der Zeit (d, h, min, s).

TLZ 6   Die Schüler können die Maßeinheiten Tage, Stunden, Minuten und Sekunde
ineinander umrechnen.

1.6.3 Abwägung und Gewichtung der Teillernziele, Lernzielsicherung

Zum Erreichen des Stundenziels müssen alle Teillernziele erreicht werden. Teillernziel 1 beinhaltet das Messen der Größe Zeit und das Kennenlernen verschiedener Messinstrumente. Dies ist nötig, damit die Schüler wissen, wie man einen Zeitpunkt bzw. eine Zeitspanne in der Praxis ermitteln kann. Die Begriffe aus Teillernziel 2 werden vom Lehrer vorgegeben. Der Unterschied wird genauer betrachtet, damit die Schüler spätere Aufgabenstellungen richtig bearbeiten können und das Teillernziel 3 erreicht werden kann. Teillernziel 4 stellt eine Wiederholung der aus der Vorstunde eingeführten Begriffe dar. Die Schüler sollen erkennen, dass es sich bei der Zeit ebenfalls um eine Größe handeln muss. Teillernziel 5 ist Basiswissen für die späteren Umrechnungen; die Abkürzungen der Zeiteinheiten werden für Aufgaben zur Zeit benötigt. Teillernziel 6 ist das wichtigste Ziel zum Erreichen des zweiten Teils des Hauptlernziels. Aus diesem Grund werden die Umrechnungen in Aufgaben erarbeitet und geübt. Das Kopfrechnen soll dabei nicht außer Acht gelassen werden.

2   Unterrichtsverlauf mit methodisch – didaktischer Analyse

Unterrichtsphase, Teillernziel	Lehrer-Schüler-Interaktion	Didaktischer Kommentar, Medieneinsatz
Einstieg	Lehrer: „Ihr dürft euch heute die Hausaufgabe aussuchen: Entweder ihr löst dieses Arbeitsblatt[2] oder jeder von euch zählt heute daheim laut von der Zahl 1 bis zur Zahl 86400[3]. Wie würdest ihr euch entscheiden?"[4] Mögliche Schülerantwort: „Für das Arbeitsblatt, weil das Zählen bis 86400 dauert viel zu lange!"[5] Lehrer: „Was schätzt ihr, wie lange würde es denn dauern?" „Mit welchem Hilfsmittel könnten wir messen, wie lange es dauert?" Schüler: „Mit einer Stoppuhr könnten wir die Dauer bestimmen."	L-S-Interaktion Hausaufgabenblatt Schild „86400"

---

[2] Das Arbeitsblatt ist das Hausaufgabenblatt.

[3] Die Zahl 86400 wird an die Tafel gehängt. Wenn man annimmt, dass man beim Zählen bis 86400 für jede Zahl genau eine Sekunde benötigt, dauert das Zählen 86400 s, was einer Zeitdauer von genau einem Tag entspricht. Diese Aufgabe würden die Schüler bis zur Mathematikstunde am nächsten Tag nicht erfüllen können. Aus diesem Grund wurde diese Zahl gewählt.

[4] Für diese Entscheidung müssen die Schüler für sich abschätzen wie lange sie ungefähr mit den Mathematikhausaufgaben beschäftigt sein könnten. Demgegenüber wird das Zählen vom Schwierigkeitsgrad her vermutlich einfacher eingeschätzt, als das Lösen eines ganzen Aufgabenblattes. Das Zählen bis 86400 ist an sich nicht sonderlich kompliziert, aber das Einschätzen der dafür benötigten Zeitdauer ist nicht einfach.

[5] Manche Schüler könnten sich auch für das Zählen entscheiden, weil sie glauben damit schneller zu sein als mit Rechenaufgaben. Erwähnt ein Schüler, dass der Lehrer das Zählen nicht überprüfen kann, wird darauf hingewiesen, dass es eine Möglichkeit des Nachweises gibt. Diese wird am Ende der Stunde erörtert.

Erarbeitung 1	L: „Welche Arten von Uhren kennt ihr noch?"	L-S-Interaktion
(TLZ 1)	S: „Armbanduhr, Wecker, Stoppuhr, Sonnenuhr,	
	Sanduhr, Eieruhr, Küchenuhr, Turmuhr, ... „[6]	
	Auf einer Powerpoint-Folie werden verschiedene Uhren	Powerpoint-Folie
	aufgezeigt.[7]	
	L: „Wodurch unterscheidet sich die Turmuhr von der	
	Stoppuhr?"[8]	
	S: „An einer Turmuhr kann ich die Uhrzeit ablesen und	
	mit der Stoppuhr eine Dauer bestimmen."[9]	
(TLZ 2)	L: „Die Uhrzeit stellt einen Zeitpunkt dar. Die Dauer	
	zwischen zwei Zeitpunkten (Anfangs- und Endzeitpunkt)	
	bezeichnet man als Zeitspanne."	
	„Mit welchen der abgebildeten Uhren kann man	
	Zeitpunkte bestimmen und welche eignen sich zur	
	Bestimmung von Zeitspannen?"	
	Antworten:	
	Zeitpunkte können bestimmt werden durch Turmuhr,	
	Armbanduhr, Sonnenuhr, Wecker, Taschenuhr und	
	Kuckucksuhr.	
	Zeitspannen können mit allen Uhren bestimmt	
	werden.[10] Speziell für Zeitspannen vorgesehene Uhren	
	sind Eieruhr, Sanduhr und Stoppuhr.	

---

[6] Einige Uhrenarten kennen die Schüler aus ihrem Alltag. Die Funktionsweise der Sonnenuhr wird kurz angesprochen.

[7] Noch nicht genannte Uhren, die sich auf der Folie befinden werden angesprochen. Unter den Bildern befinden sich zwei Uhren aus Landshut: Turmuhr der Martinskirche und Sonnenuhr im Pfarrgarten (alter Friedhof).

[8] Als Hilfestellung kann noch gefragt werden: „Welche Funktion haben die beiden Uhren?"

[9] Hier wird auf das Messen der Zeit eingegangen.

[10] Mit Uhren, die man zur Ermittlung von Zeitpunkten verwendet, kann man auch Zeitspannen bestimmen (zum Beispiel mit dem Sekundenzeiger oder durch Berechnung der Zeitdauer zwischen Anfangs- und Endzeitpunkt).

Sicherung (TLZ 3)	Auf dem Arbeitsblatt wird das Thema der Stunde festgehalten. Die Begriffe „Zeitpunkt" und „Zeitspanne" werden auf der Folie gesichert, an einem Beispiel erläutert und in einem Bild veranschaulicht.[11]	Arbeitsblatt/ Folie
Erarbeitung 3 und Sicherung (TLZ 4)	Lehrer: „Wer kann mir ein konkretes Beispiel für eine Zeitspanne nennen?" Schüler: „86400 Sekunden" Die Antwort des Schülers wird in das Arbeitsblatt eingefügt. Lehrer: „Aus was besteht diese Angabe?" Schüler: „Die Angabe besteht aus einer Maßzahl und einer Maßeinheit." [12] Die Begriffe „Maßzahl" und „Maßeinheit" werden unter die Zeitangabe auf dem Arbeitsblatt hinzugefügt. Lehrer: „Wie bezeichnet man in der Mathematik eine Angabe die aus einer Maßzahl und einer Maßeinheit besteht?" Schüler: „Wir bezeichnen sie als Größe." Die Lücke auf dem Arbeitsblatt wird ergänzt.	L-S-Interaktion

---

[11] Aus Zeitersparnis erfolgt die Sicherung auf einem Arbeitsblatt.
Die Schreibweise von Uhrzeiten wird gemäß DIN 5008 durch Gliederung der Teile von Uhrzeiten mit Doppelpunkten dargestellt.
Durch die konkreten Beispiele zu Zeitpunkt bzw. Zeitspanne und zusätzlich der bildlichen Veranschaulichung auf den beiden Uhren können sich die Schüler die Begriffe leichter einprägen. Das Einzeichnen der Uhrzeit erfolgt durch einen Schüler, da dies in der Grundschule bereits gelernt wurde. Noch nicht bekannt ist wahrscheinlich die Veranschaulichung der Zeitspanne und wird deshalb vom Lehrer eingezeichnet. Dazu muss erwähnt werden, dass eine Zeitspanne von mehr als 60 Minuten nicht auf einer Analoguhr dargestellt werden kann.

[12] Die Begriffe Maßzahl und Maßeinheit kennen die Schüler bereits von der Größe Länge. Erkennen die Schüler die Zeit nicht als Größe, wird auf die Größe Länge zurückgegriffen.

Erarbeitung 4 und Sicherung (TLZ 5)	Die Einheiten der Zeit und deren Abkürzungen – die aus dem Lateinischen stammen[13] – werden festgehalten. Als Herleitung und Merkhilfe für die Abkürzungen der Zeit werden allerdings die englischen Begriffe „day", „hour", „minute" und „second" vorgegeben. Mündlich wird besprochen, dass Zeitspannen von mehreren Tagen auch durch Wochen, Monate oder Jahre[14] angegeben werden können.	Arbeitsblatt/ Folie
Erarbeitung 5 und Sicherung (TLZ 6)	Es wird der Zusammenhang zwischen den Maßeinheiten erarbeitet. Die Zeitspannen von 1 d, 1 h und 1 min werden jeweils in die nächstkleinere Maßeinheit umgewandelt (24 h, 60 min, 60 s). Dazu multipliziert man die Maßzahl mit 24 bzw. 60. Bei der Umrechnung von kleineren Einheiten in größere dividiert man die Maßzahl mit 24 bzw. 60.[15]	L-S-Interaktion, Arbeitsblatt/ Folie
Übungsphase (TLZ 6)	Anhand der ersten Aufgabe auf dem Arbeitsblatt werden die Umrechnungen eingeübt und die Schüler auf die darauf folgende Gruppenarbeit vorbereitet. In dieser Aufgabe werden drei verschiedene Zeitspannen in Minuten umgewandelt.[16]	L-S-Interaktion, Arbeitsblatt/Folie, Einzelarbeit

---

[13] Die Abkürzungen der Zeitmaße stammen eigentlich aus dem Lateinischen: dies (Tag), hora (Stunde), minutum (Minute), secundum (Sekunde). Da an der Realschule kein Latein unterrichtet wird, werden die englischen Begriffe als Merkhilfe für die Abkürzungen der Zeiteinheiten genutzt. Das ist möglich, da die Anfangsbuchstaben der englischen Begriffe mit den lateinischen übereinstimmen. Außerdem stellt dies eine horizontale Vernetzung mit dem Fach Englisch dar.

[14] Es wird kurz erwähnt, dass eine Zeitspanne von einer Woche durch sieben Tage eindeutig bestimmt ist; bei Monaten und Jahren ist dies nicht der Fall.

[15] Dieses Schema dient den Schülern zur Hilfe für weitere Umrechnungen.

[16] Diese Umrechnung kann im Kopf erfolgen, wird aber im Heft festgehalten. Die anderen beiden Umrechnungen werden direkt schriftlich gerechnet.

Übungsphase (TLZ 6)	In Partnerarbeit sollen die Schüler ein Kreispuzzle zur Größe Zeit zusammensetzen. Auf einer Folie wird der Arbeitsauftrag aufgelegt und von einem Schüler vorgelesen. Um sicherzustellen, dass alle Schüler den Arbeitsauftrag verstanden haben, wird eine Angabe gemeinsam umgerechnet. Je zwei Schüler erhalten einen Umschlag mit Puzzleteilen und Notizblättern. [17] Besonders schnelle Schüler erhalten noch eine kleine Zusatzaufgabe. [18] Die Sicherung erfolgt durch Auflegen der Lösung auf dem Overheadprojektor. Liest man die Sektoren im Uhrzeigersinn ab, ergibt sich das Lösungswort „STOPPUHR". [19]	Partnerarbeit, Arbeitsblatt/Folie

---

[17] Durch diese Übungsphase sollen die Schüler die Umrechnungen in andere Maßeinheiten spielerisch einüben. Die Art des Puzzles ist den Schülern bereits in ähnlicher Form aus einer vorherigen Stunde bekannt, wird aber zu Beginn der Übungsphase vor dem Austeilen der Materialien nochmals an einem Beispiel am Overheadprojektor erklärt.

[18] Bei der Durchführung der Gruppenarbeit kann das Problem auftauchen, dass nicht alle Schüler die Aufgaben gleich schnell lösen können. Zur weiteren Beschäftigung dieser Schüler werden zusätzliche Aufgaben gestellt, die im weiteren Verlauf verwendet werden können: 86400 s in min, 1440 min in h, 60 h in d.

[19] Damit können alle Schüler ihre Lösung überprüfen. Das Lösungswort dient zur schnelleren Kontrolle.

| Puffer | In Aufgabe 2 sollen 74 Minuten in Sekunden angegeben werden. Bei der Umrechnung in Stunden bleibt ein Rest, sodass das Ergebnis in Stunden und Minuten angegeben werden muss. In Aufgabe 3 muss eine Zeitdauer von 509 Stunden in Tage und Stunden umgewandelt werden. Auf einer Analoguhr wird die Zeit 08:15 Uhr eingestellt. Die Schüler sollen die Uhrzeit angeben, die eine Digitaluhr anzeigen würde.[20] Die ungewöhnliche Einteilung einer Stunde in 60 und nicht in 10 Minuten wird angesprochen.[21] | L-S-Interaktion |
| Hausaufgabe | Das Einstiegsproblem „Zählen bis 86400" wird aufgegriffen. Als Ergebnis erhält man, dass man bei einer Sekunde pro Zahl, einen ganzen Tag lang zählen müsste. Die Schüler werden sich somit für das Arbeitsblatt als Hausaufgabe entscheiden.[22] | L-S-Interaktion, Schild „86400", Hausaufgabenblatt, Folienstücke |

[20] Hier werden Tages- und Nachtzeit angesprochen. Bei der Digitaluhr gibt es oft die Einstellung „am" (lat. ante meridiem = vormittag) und „pm" (lat. post meridiem = nachmittag). Diese Angaben werden vor allem im englischsprachigen Bereich verwendet; aus dem Alltag kennen die Schüler dies eventuell von digitalen Armbanduhren oder dem Digitalwecker.

[21] Die Babylonier hatten ein anderes Zahlensystem. Die Basis ihres Stellenwertsystems war die Zahl 60 und nicht die Zahl 10. Man weiß nicht, warum die Babylonier die Zahl 60 als Basis für ihre Stufenzahlen benutzten. Die Einteilung des Tages in 24 Stunden, zu je 60 Minuten und zu je 60 Sekunden ist nur ein Folge dieser Methode und nicht ihr Grund. Hätten sie das Zehnersystem benutzt, würde heute unser Tag in 10 Stunden, zu je 100 Minuten und zu je 100 Sekunden eingeteilt sein. Natürlich würden diese Stunden, Minuten und Sekunden länger sein als die heutigen.

[22] Der Rückgriff auf das Einstiegsproblem zeigt, dass das Zählen bis 86400 bis zur nächsten Mathematikstunde nicht durchgeführt werden kann. Die Darstellung erfolgt durch Folienstücke, die die einzelnen Umrechnungen (86400 s = 1440 min, 1440 min = 24 h, 24 h = 1 d) enthalten.

3   Anhang

3.1   Quellen

Aufgaben zum Rechnen mit Zeit

URL: http://www-i1.informatik.rwth-aachen.de/infoki/Mathe5k/Aufgabe2_2.pdf

letztes Zugriffsdatum: 19. Januar 2011

Bilder verschiedener Uhren

URLs: http://de.academic.ru/pictures/dewiki/84/Turmuhr_Martinskirche_Landshut.jpg

http://www.familie-rolli.de/Jutta/2004-06-13,%20Landshut23.jpg

http://www.allmystery.de/dateien/uh43048,1248309449,taschenuhr2.jpeg

http://www.sgbille.de/images_self/Stoppuhr.jpg

http://www.blackforest-super-shop.com/media/catalog/product/cache/1/image/-

9df78eab33525d08d6e5fb8d27136e95/s/a/sanduhr.jpg

http://www.timestyles.de/uploads/pics/00_WV-58DE-1AVEF.jpg

http://media.neckermann.de/bilder/g000/250/0/00/00092632abx.jpg

http://www.kuckucksuhren.biz/kuck1.jpg

http://www.werbeartikel-discount.com/images/big/Werbeartikel_13/15239204.jpg

http://www.unique-address.de/images/produkte/20070250-uhr2.jpg

http://media.4teachers.de/images/thumbs/image_thumb.5732.png

letztes Zugriffsdatum: 19. Januar 2011

Schreibweise für Uhrzeiten (DIN 5008)

URL: http://de.wikipedia.org/wiki/Uhrzeit

letztes Zugriffsdatum: 19. Januar 2011

Babylonische Zahlen

URL: http://home.fonline.de/rs-ebs/geschichte/ges4.htm

Letztes Zugriffsdatum: 19. Januar 2011

Verwendete Schriftwerke

Bayerischer Lehrplan der sechsstufigen Realschule: http://www.isb.bayern.de/

HABLER, Erich; KAPPL, Simon; KIERMAIR, Xaver; LIPPERT, Hans; PÜLS, Herbert; SOBOTTA, Christoph; STEGER, Maximilian; SULZENBACHER, Martin: *Mathematik für Realschulen – 5. Jahrgangsstufe.* Frankfurt am Main: Verlag Moritz Diesterweg GmbH & Co., 2001.

DLUGOSCH, Johannes; GÖTZ, Franz-Josef; LIEBAU, Bernd; WIDL, Josef: *Mathematik 5 – Realschule Bayern.* Braunschweig: Westermann Schulbuchverlag GmbH, 2001.

GIERSE, Klaus; HAUSKNECHT, Heinrich; LAUTENSCHLAGER, Susanne; MARKOWSKI, Klaus; SCHMIDT Joachim; SCHOLZE; Peter: *XQuadrat – Mathematik 5.* München: Oldenbourg Schulbuchverlag GmbH, 2001.

SCHILLINGER, Dieter: *Mathematik aktuell 5 – Schülerarbeitsheft für den Mathematikunterricht.* Ochsenfurt: BDS-Verlag, 2010.

RUHL, Max; HERRMANN, Nico: *Mathematik – Arbeitsheft 5.* Frankfurt am Main: Verlag Moritz Diesterweg GmbH & Co., 1996.

3.2 Materialien

- Zahlenschild „86400"
- Powerpoint-Folie Uhren
- Arbeitsblatt „Die Zeit" (leer und ausgefüllt)
- Hefteintrag
- Partnerarbeit „Kreispuzzle"
- Zusatzaufgabe
- Arbeitsblatt „Übungen zu der Größe Zeit" (Hausaufgabe)

86400

_____

Durch eine Uhrzeit wird ein .... festgelegt.

Beispiel: Anna beginnt mit ihren Mathematikhausaufgaben um 14:56 Uhr.
48 Minuten später ist sie fertig. Anna hat ihre Aufgaben um ....
erledigt.

Die Zeit zwischen zwei Zeitpunkten nennen wir ....

Beispiel: Tom fährt von 16:25 Uhr bis 17:05 Uhr Fahrrad.

Tom ist also .... gefahren.

Die Zeit ist eine ....

....

....

Einheiten der Zeit:

(day)	(hour)	(minute)	(second)

Umrechnungen:

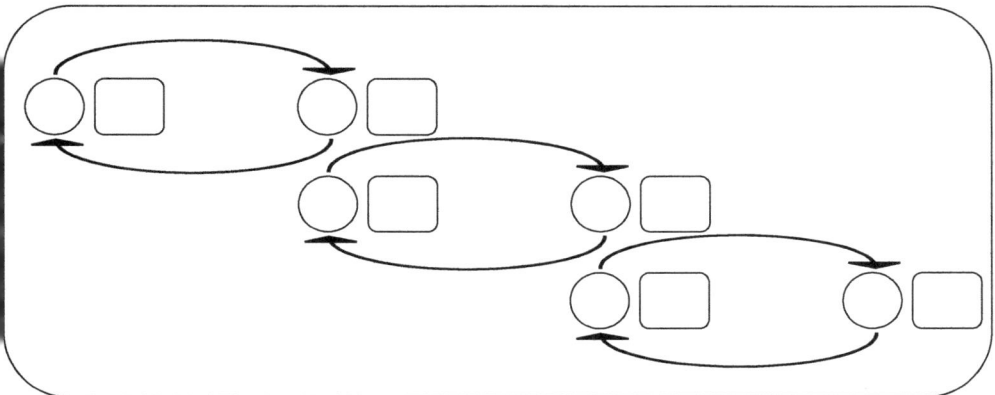

Aufgaben:

1) Wandle in Minuten um:
   a) 660 s   b) 2 d   c) 2 h 35 min

2) Auf eine CD passt Musik von 74 Minuten.
   a) Wie viele Sekunden sind das?
   b) Wandle in Stunden und Minuten um.

3) Paul sagt: „In genau 509 Stunden habe ich Geburtstag." Wie viele Tage und Stunden muss Paul noch warten?

Datum: *20.01.2011*

Die Zeit

Durch eine Uhrzeit wird ein *Zeitpunkt* festgelegt

Beispiel: Anna beginnt mit ihren Mathematikhausaufgaben um 14:56 Uhr.
48 Minuten später ist sie fertig. Anna hat ihre Aufgaben um *15:44 Uhr*
erledigt.

Die Zeit zwischen zwei Zeitpunkten nennen wir *Zeitspanne*.
Beispiel: Tom fährt von 16:25 Uhr bis 17:05 Uhr Fahrrad.

Tom ist also *40 Minuten* gefahren.

Die Zeit ist eine *Größe*

86400 *Sekunden*
Maßzahl *Maßeinheit*

Einheiten der Zeit:

d (day)	*h* (hour)	*min* (minute)	*s* (second)
Tag	*Stunde*	*Minute*	*Sekunde*

Umrechnungen:

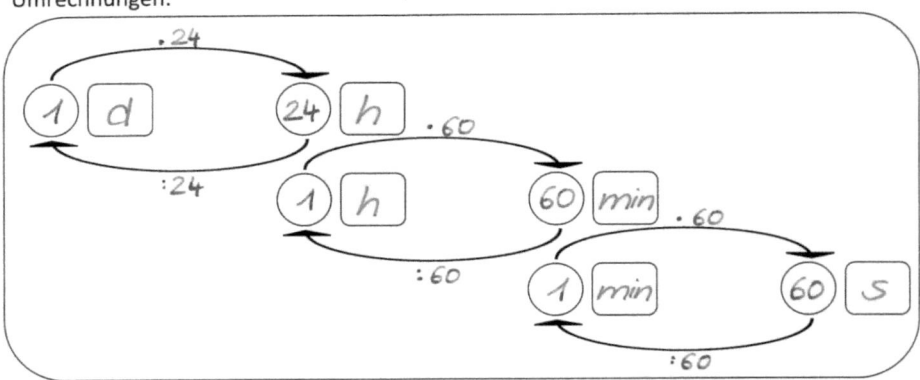

Aufgaben:

1) Wandle in Minuten um:
   a) 660 s   b) 2 d   c) 2 h 35 min

2) Auf eine CD passt Musik von 74 Minuten.
   a) Wie viele Sekunden sind das?
   b) Wandle in Stunden und Minuten um.

3) Paul sagt: „In genau 509 Stunden habe ich Geburtstag." Wie viele Tage und Stunden muss Paul noch warten?

Quelle Bild Uhr: http://media-8tauchers.de/images/thumbs/image_thumb-5732.png

Aufgaben

1 a) 660 s = 11 min

1 b) 2 d = 48 h = 2880 min

      NR: <u>48 · 60</u>
             2880

1 c) 2 h 35 min = 120 min + 35 min = 155 min

2 a) 74 min = 4440 s

      NR: <u>74 · 60</u>
             4440

2 b) 74 min = 1 h 14 min

      NR: 74 : 60 = 1 R 14
         <u>-60</u>   ↑   ↑
           4   h min

3) 509 h = 21 d 5 h

      NR: 509 : 24 = 21 R 5
        <u>- 48</u>   ↑ ↑
          29   d   h
        <u>- 24</u>
           5

Arbeitsauftrag:

1. Suche dir aus den Puzzleteilen eine grau hinterlegte Aufgabe aus.

2. Wandle diese Aufgabe in die Maßeinheit um, die in Klammern steht.

3. Lege das Puzzleteil mit der passenden Lösung an.

4. Setze alle weiteren Teile nach dem gleichen Schema zusammen.

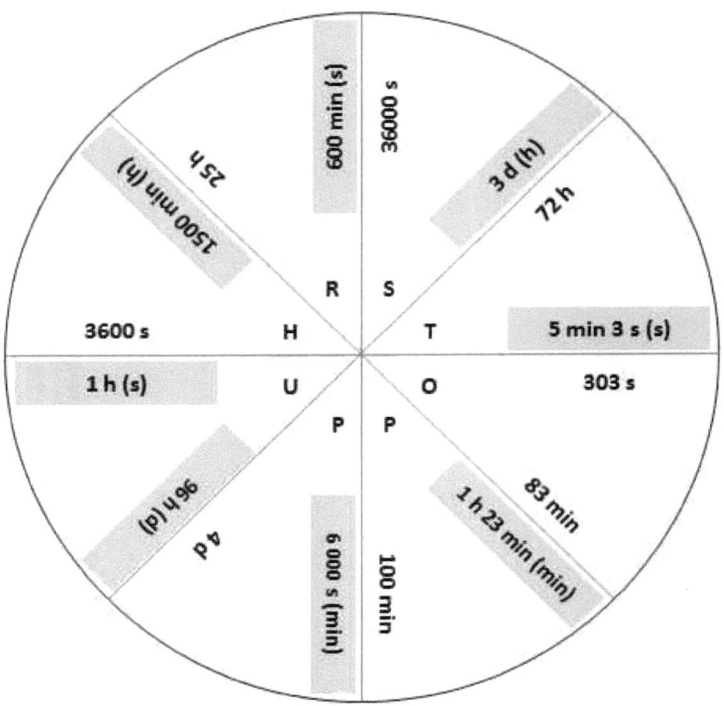

86400 s = min	1440 min = h	24 h = d

86400 s = 1440 min	1440 min = 24 h	24 h = 1 d

Datum: ....

Übungen zu der Größe Zeit

1) Wie viele Minuten fehlen bis zur nächsten vollen Stunde?

   a) 11:35 Uhr

   b) 15:01 Uhr

   c) 23: 54 Uhr

2) Berechne den Zeitpunkt.

   a) 13 Minuten nach 10:38 Uhr

   b) 37 Minuten vor 17:24 Uhr

   c) 2 Stunden und 17 Minuten nach 06:55 Uhr

3) Gib die Zeitspannen zwischen den folgenden Uhrzeiten an.

   a) 10:15 Uhr und 10:59 Uhr

   b) 8:46 Uhr und 12:00 Uhr

4) Die Klasse 5c hat in einer Woche genau 21 Stunden Unterricht.

   a) Wie viele Minuten sind das?

   b) Wie viele Sekunden sind das?

5) In den Ferien war Lisa von 11:13 Uhr bis 16:16 Uhr im Schwimmbad. Wie viele Minuten ist Lisa im Schwimmbad gewesen?

6) Lea schreibt unter anderem auf eine Geburtstagskarte ihrer Freundin: „Ich wünsche dir 31622400 glückliche Sekunden für dein neues Lebensjahr." Berechne, wie viele Tage Lea für dieses Jahr ansetzt und beurteile das Ergebnis.

Mach es wie die Sonnenuhr: zähl die heitern Stunden nur!